U0342910
1580177496

中华人民共和国国家标准

制冷设备、空气分离设备安装工程施工及验收规范

Code for construction and acceptance of refrigeration plant and air seperation plant installation

GB 50274-2010

主编部门：中 国 机 械 工 业 企 业 联 合 会
批准部门：中华人民共和国住房和城乡建设部
施行日期：2 0 1 1 年 2 月 1 日

中国计划出版社

2011 北 京

中华人民共和国国家标准

制冷设备、空气分离设备安装工程施工及验收规范

GB 50274-2010

☆

中国计划出版社出版发行
网址：www. jhpress. com
地址：北京市西城区木樨地北里甲 11 号国宏大厦 C 座 3 层
邮政编码：100038　电话：(010) 63906433（发行部）
三河富华印刷包装有限公司印刷

850mm×1168mm　1/32　2.125 印张　51 千字
2011 年 1 月第 1 版　2023 年 1 月第 7 次印刷

☆

统一书号：1580177・496
定价：13.00 元

版权所有　侵权必究
侵权举报电话：(010) 63906404
如有印装质量问题，请寄本社出版部调换

中华人民共和国住房和城乡建设部公告

第 671 号

关于发布国家标准《制冷设备、空气分离设备安装工程施工及验收规范》的公告

现批准《制冷设备、空气分离设备安装工程施工及验收规范》为国家标准，编号为GB 50274—2010，自 2011 年 2 月 1 日起实施。其中，第 2.1.10、3.1.4(1)、3.1.9、3.1.10、3.13.5(7)条（款）为强制性条文，必须严格执行。原《制冷设备、空气分离设备安装工程施工及验收规范》GB 50274—98 同时废止。

本规范由我部标准定额研究所组织中国计划出版社出版发行。

中华人民共和国住房和城乡建设部

二〇一〇年七月十五日

前　　言

本规范是根据原建设部《关于印发〈二〇〇二至二〇〇三年度工程建设国家标准制订、修订计划〉的通知》(建标〔2003〕102号文)的要求,由中国机械工业建设总公司会同有关单位共同对《制冷设备、空气分离设备安装工程施工及验收规范》GB 50274—98进行修订而成。

本规范在修订过程中,修订组进行了广泛的调查研究,总结了近十年来制冷设备、空气分离设备安装的实践经验,开展了专题研究,参考了大量文献和工程资料,广泛征求了全国有关单位和专家的意见,经过反复讨论、修改完善,最后经审查定稿。

本次修订的主要内容:

1　对原规范的章节结构进行了调整,部分条款的内容也作了删减和修改,使其与实际的施工工艺顺序一致。

2　依据《工程建设标准编写规定》,对原规范作了较大的修改和调整,使其符合工程建设标准的编写要求。

3　参照国家现行的制冷和空分设备制造技术条件和制造标准修改和补充了有关参数。在附录A中增加了"制冷和空气分离设备的清洁度限值"。

本规范中以黑体字标志的条文为强制性条文,必须严格执行。

本规范由住房和城乡建设部负责管理和对强制性条文的解释,由中国机械工业联合会负责日常管理,由中国机械工业建设总公司负责具体技术内容的解释。在执行过程中,请各单位结合工程实践,认真总结经验,如发现需要修改或补充之处,请将意见和建议寄交国家机械工业安装工程标准定额站(地址:北京西城区三里河路南5巷5号,邮编:100045,邮箱:jxdez@cmiic.com.cn),以便今后修订时参考。

本规范组织单位、主编单位、参编单位、主要起草人和主要审查人：

组 织 单 位： 中国机械工业勘察设计协会

主 编 单 位： 中国机械工业建设总公司
中国机械工业第四建设工程公司
北京市工业设计研究院

参 编 单 位： 中国机械工业机械化施工公司
中国机械工业第五建设工程公司
中国机械工业第一建设工程公司
西南工程学校
中国机械工业第二建设工程公司
中国三安建设工程公司

主要起草人： 薛 韬 李功福 关 洁 张 庆 刘瑞敏
彭勇毅 梅芳迪 孙书英 晏文华 王丽鹃
郑明享 占 元 樊慧霞 刘绪龙 高 杰
杜世民 徐 辉 刘兆峰 魏利广

主要审查人： 刘汇源 刘广根 颜祖清 徐庆磊 柳春来
陈光云 徐英騄 张广志 李英辉 王清泉
周 彦

目　　次

Contents

1　总　　则

1.0.1　为确保制冷设备和空气分离设备安装工程的质量和安全运行，促进安装技术的进步，制定本规范。

1.0.2　本规范适用于下列制冷设备和空气分离设备安装工程的施工及验收：

1　活塞式、螺杆式、离心式压缩机为主机的压缩式制冷设备，溴化锂吸收式制冷机组和组合冷库；

2　低温法制取氧、氮和稀有气体的空气分离设备。

1.0.3　制冷设备和空气分离设备安装工程的施工及验收，除应执行本规范外，尚应符合国家现行有关标准的规定。

2 制冷设备

2.1 基本规定

2.1.1 整体出厂的制冷机组安装水平，应在底座或与底座平行的加工面上纵、横向进行检测，其偏差均不应大于1/1000。解体出厂的制冷机组及其冷凝器、贮液器等附属设备的安装水平，应在相应的底座或与水平面平行的加工面上纵、横向进行检测，其偏差均不应大于1/1000。

2.1.2 制冷设备清洗的清洁度应符合随机技术文件的规定；无规定时，应符合本规范附录A的规定。

2.1.3 对出厂时已充灌制冷剂的整体出厂制冷设备，应检查其无泄漏后，进行负荷试运转。

2.1.4 制冷系统的附属设备在现场安装时，应符合下列要求：

1 安装的位置、标高和进、出管口方向，应符合工艺流程、设计和随机技术文件的规定；

2 带有集油器的设备，集油器的一端应稍低一些；

3 洗涤式油分离器的进液口的标高，宜低于冷凝器的出液口标高；

4 低温设备的支撑与其他设备的接触处，应垫设不小于其他绝热层厚度的垫木或绝热材料，垫木应经防腐处理；

5 制冷剂泵的轴线标高，应低于循环贮液器的最低液面标高；进出管径应大于泵的进、出口直径；两台及以上泵的进液管应单独敷设，不应并联安装；泵不应在无介质和有气蚀的情况下运转；

6 附属设备应进行单体吹扫和气密性试验，气密性试验压力应符合随机技术文件的规定；无规定时，应符合表2.1.4

的规定。

表 2.1.4 气密性试验压力(MPa)

制 冷 剂	试 验 压 力
R22、R404A、R407C、R502、R507、R717	≥1.8
R134a	≥1.2

2.1.5 制冷设备管道在现场安装时,除应符合现行国家标准《工业金属管道工程施工及验收规范》GB 50235 和《自动化仪表工程施工及验收规范》GB 50093 的有关规定外,尚应符合下列要求:

1 输送制冷剂碳素钢管道的焊接,应采用氩弧焊封底、电弧焊盖面的焊接工艺;

2 在液体管上接支管,应从主管的底部或侧部接出;在气体管上接支管,应从主管的上部或侧部接出;供液管不应出现上凸的弯曲;吸气管除氟系统专设的回油管外,不应出现下凹的弯曲;

3 吸、排气管道敷设时,其管道外壁之间的间距应大于200mm;在同一支架敷设时,吸气管宜敷设在排气管下方;

4 设备之间制冷剂管道连接的坡向及坡度,当设计或随机技术文件无规定时,应符合表 2.1.5 的规定;

表 2.1.5 设备之间制冷剂管道连接的坡向及坡度

管 道 名 称	坡 向	坡 度
压缩机进气水平管(氨)	蒸发器	≥3/1000
压缩机进气水平管(氟利昂)	压缩机	≥10/1000
压缩机排气水平管	油分离器	≥10/1000
冷凝器至贮液器的水平供液管	贮液器	1/1000～3/1000
油分离器至冷凝器的水平管	油分离器	3/1000～5/1000
机器间调节站的供液管	调节站	1/1000～3/1000
调节站至机器间的加气管	调节站	1/1000～3/1000

5 法兰、螺纹等连接处的密封材料,应选用金属石墨垫、聚四

氟乙烯带、氯丁橡胶密封液或甘油一氧化铝；与制冷剂氨接触的管路附件，不得使用铜和铜合金材料；与制冷剂接触的铝密封垫片应使用纯度高的铝材；

6 管道的法兰、焊缝和管路附件等不应埋于墙内或不便检修的地方；排气管穿过墙壁处应加保护套管，排气管与套管的间隙宜为10mm。管道绝热保温的材料和绝热层的厚度应符合设计的规定；与支架和设备相接触处，应垫上与绝热层厚度相同的垫木或绝热材料。

2.1.6 阀门的安装应符合下列要求：

1 制冷设备及管路的阀门，均应经单独压力试验和严密性试验合格后，再正式装至其规定的位置上；试验压力应为公称压力的1.5倍，保压5min应无泄漏；常温严密性试验，应在最大工作压力下关闭、开启3次以上，在关闭和开启状态下应分别停留1min，其填料各密封处应无泄漏现象；

2 阀门进、出介质的方向，严禁装错；阀门装设的位置应便于操作、调整和检修；

3 电磁阀、热力膨胀阀、升降式止回阀、自力式温度调节阀，等阀以及感温包的安装应符合随机技术文件的规定。热力膨胀阀的安装位置宜靠近蒸发器。

2.1.7 制冷机组冷却水套及其管路，应以0.7MPa进行水压试验，保持压力5min应无泄漏现象。

2.1.8 制冷机组的润滑、密封和液压控制系统除组装清洗洁净外，应以最大工作压力的1.25倍进行压力试验，保持压力10min应无泄漏现象。

2.1.9 制冷机组的安全阀、溢流阀或超压保护装置，应单独按随机技术文件的规定进行调整和试验；其动作正确无误后，再安装在规定的位置上。

2.1.10 制冷剂充灌和制冷机组试运转过程中，严禁向周围环境排放制冷剂。

2.2 活塞式制冷压缩机和压缩机组

2.2.1 压缩机和压缩机组试运转前，应符合下列要求：

1 气缸盖、吸排气阀及曲轴箱盖等应拆下检查，其内部的清洁及固定情况应良好；气缸内壁面应加少量冷冻机油；盘动压缩机数转，各运动部件应转动灵活、无过紧和卡阻现象；

2 加入曲轴箱冷冻机油的规格及油面高度，应符合随机技术文件的规定；

3 冷却水系统供水应畅通；

4 安全阀应经校验、整定，其动作应灵敏、可靠；

5 压力、温度、压差等继电器的整定值应符合随机技术文件的规定；

6 控制系统、报警及停机连锁机构应经调试，其动作应灵敏、正确、可靠；

7 点动电动机应进行检查，其转向应正确；

8 润滑系统的油压和曲轴箱中压力的差值不应低于0.1MPa。

2.2.2 压缩机和压缩机组的空负荷试运转，应符合下列要求：

1 应拆去气缸盖和吸、排气阀组，并应固定气缸套；

2 应启动压缩机并运转10min，停车后检查各部位的润滑和温升，无异常后应继续运转1h；

3 运转应平稳、无异常声响和剧烈振动；

4 主轴承外侧面和轴封外侧面的温度应正常；

5 油泵供油应正常；

6 氨压缩机的油封和油管的接头处，不应有油滴漏现象；

7 停车后应检查气缸内壁面，应无异常磨损。

2.2.3 开启式压缩机的空气负荷试运转，应符合下列要求：

1 吸、排气阀组安装固定后，应调整活塞的止点间隙，并应符合随机技术文件的规定；

2 压缩机的吸气口应加装空气滤清器；

3 在高压级和低压级排气压力均为0.3MPa时，试验时间不应少于1h；

4 油压调节阀的操作应灵活，调节的油压宜高于吸气压力0.15MPa～0.3MPa；

5 能量调节装置的操作应灵活、正确；

6 当环境温度为43℃、冷却水温度为33℃时，压缩机曲轴箱中润滑油的温度不应高于70℃；

7 气缸套的冷却水进口水温不应高于35℃，出口水温不应高于45℃；

8 运转时，应平稳、无异常声响和振动；

9 吸、排气阀的阀片跳动声响应正常；

10 各连接部位、轴封、填料、气缸盖和阀件应无漏气、漏油、漏水现象；

11 空气负荷试运转后，应拆洗空气滤清器和油过滤器，并应更换润滑油。

2.2.4 空气负荷试运转合格后，应用0.5MPa～0.6MPa的干燥压缩空气或氮气，对压缩机和压缩机组按顺序反复吹扫，直至排污口处的靶上无污物。

2.2.5 压缩机和压缩机组的抽真空试验，应符合下列要求：

1 应关闭吸、排气截止阀，并应开启放气通孔，开动压缩机进行抽真空；

2 压缩机的低压级应将曲轴箱抽真空至15kPa，压缩机的高压级应将高压吸气腔压力抽真空至15kPa。

2.2.6 压缩机和压缩机组密封性试验应将1.0MPa的氮气或干燥空气充入压缩机中，在24h内其压力降不应大于试验压力的1%。使用氮气和氟利昂混合气体检查密封性时，氟利昂在混合物的分压力不应少于0.3MPa。

2.2.7 采用制冷剂对系统进行检漏时，应利用系统的真空度向系统充灌少量制冷剂，且应将系统内压力升至0.1MPa～0.2MPa后进行检查，系统应无泄漏现象。

2.2.8 充灌制冷剂，应符合下列要求：

1 制冷剂的规格、品种和性能应符合设计的要求；

2 系统应抽真空，真空度应达到随机技术文件的规定，应将制冷剂钢瓶内的制冷剂经干燥过滤器干燥过滤后，由系统注液阀充灌系统；在充灌过程中，应按规定向冷凝器供冷却水或蒸发器供载冷剂；

3 系统压力升至0.1MPa～0.2MPa时，应全面检查无异常后，继续充灌制冷剂；

4 系统压力与钢瓶的压力相同时，可开动压缩机；

5 充灌制冷剂的总量，应符合设计或随机技术文件的规定。

2.2.9 压缩机和压缩机组的负荷试运转，应在系统充灌制冷剂后进行。负荷试运转除应符合本规范第2.2.3条第4款～第10款的规定外，尚应符合下列要求：

1 启动压缩机前，应按随机技术文件的规定将曲轴箱中的润滑油加热；

2 运转中开启式机组润滑油的温度不应高于70℃；半封闭式机组不应高于80℃；

3 最高排气温度不应高于表2.2.9的规定；

表2.2.9 压缩机的最高排气温度

制冷剂	最高排气温度(℃)	
R717	低压级	120
	高压级	150
R22	低压级	115
	高压级	145

注：机组安装场地的最高温度38℃。

4 开启式压缩机轴封处的渗油量，不应大于0.5mL/h。

2.3 螺杆式制冷压缩机组

2.3.1 压缩机组试运转前，应符合下列要求：

1 脱开联轴器，单独检查电动机的转向应符合压缩机要求；连接联轴器，其找正允许偏差应符合随机技术文件的规定；

2 盘动压缩机应无阻滞、卡阻等现象；

3 应向油分离器、贮油器或油冷却器中加注冷冻机油，油的规格及油面高度应符合随机技术文件的规定；

4 油泵的转向应正确；油压宜调节至 0.15MPa～0.3MPa；应调节四通阀至增、减负荷位置；滑阀的移动应正确、灵敏，并应将滑阀调至最小负荷位置；

5 各保护继电器、安全装置的整定值应符合随机技术文件的规定，其动作应灵敏、可靠；

6 机组能量调节装置应灵活、可靠；

7 机组的安全阀门应动作灵敏、不漏气、安全可靠。

2.3.2 开启式机组在组装完毕经空负荷和空气负荷试运转后，其吹扫、抽真空试验、密封性试验、系统检漏和充灌制冷剂，应符合本规范第 2.2.4 条～第 2.2.8 条规定。

2.3.3 压缩机组的负荷试运转，应符合下列要求：

1 应按要求供给冷却介质；

2 机器启动时，油温不应低于 25℃；

3 启动运转的程序应符合随机技术文件的规定；

4 调节油压宜大于排气压力 0.15MPa～0.3MPa；精滤油器前后压差不应高于 0.1MPa；

5 冷却水温度不应高于 32℃。采用 R22、R717 制冷剂的压缩机的排气温度不应高于 105℃，冷却后的油温宜为 30℃～65℃；

6 吸气压力不宜低于 0.05MPa，排气压力不应高于 1.6MPa；

7 运转中应无异常声响和振动，压缩机轴承体处的温升应正常；

8 机组密封应良好，不得渗漏制冷剂；氨制冷机组运行时，在轴封处的渗油量不应大于 3mL/h。

2.4 离心式制冷机组

2.4.1 机组试运转前，应符合下列要求：

1 冲洗润滑系统，应符合随机技术文件的规定；

2 加入油箱的冷冻机油的规格及油面高度，应符合随机技术文件的规定；

3 抽气回收装置中压缩机的油位应正常，转向应正确，运转应无异常现象；

4 各保护继电器的整定值应整定正确；

5 导向叶片实际开度和仪表指示值，应按随机技术文件的规定调整一致。

2.4.2 机组的空气负荷试运转，应符合下列要求：

1 压缩机吸气口的导向叶片应关闭，浮球室盖板和蒸发器上的视孔法兰应拆除，吸、排气口应与大气相通；

2 冷却水的水质，应符合现行国家标准《工业循环冷却水处理设计规范》GB 50050 的有关规定；

3 启动油泵及调节润滑系统，其供油应正常；

4 点动电动机应进行检查，其转向应正确，转动应无阻滞现象；

5 启动压缩机，当机组的电机为通水冷却时，其连续运转时间不应小于 0.5h；当机组的电机为通氟冷却时，其连续运转时间不应大于 10min；同时应检查油温、油压和轴承部位的温升，机器的声响和振动均应正常；

6 导向叶片的开度应进行调节试验；导向叶片的启闭应灵活、可靠；当导向叶片开度大于 40%时，试验运转时间宜缩短。

2.4.3 制冷机组经空负荷和空气负荷试运转后，其吹扫、抽真空试验、密封性试验、系统检漏和充灌制冷剂应符合本规范第2.2.4条～第2.2.8条的规定。用卤素仪进行检查时，泄漏率不应大于14g/a。

2.4.4 机组的负荷试运转，应符合下列要求：

1 接通油箱电加热器，应将油加热至50℃～55℃；

2 冷却水的水质，应符合本规范第2.4.2条第2款的规定；

3 载冷剂的规格、品种和性能，应符合设计的要求；

4 应启动油泵、调节润滑系统，其供油应正常；

5 应按随机技术文件的规定启动抽气回收装置，并应排除系统中的空气；

6 启动压缩机应逐步开启导向叶片，并应快速通过喘振区；

7 机组的声响、振动和轴承部位的温升应正常；当机器发生喘振时，应立即采取消除故障或停机的措施；

8 油箱的油温宜为50℃～65℃，油冷却器出口的油温宜为35℃～55℃；

9 能量调节机构的工作应正常；

10 机组载冷剂出口处的温度及流量，应符合随机技术文件的规定。

2.5 溴化锂吸收式制冷机组

2.5.1 真空泵安装时，应符合下列要求：

1 抽气连接管应采用真空胶管，并宜缩短设备与真空泵间的管长；

2 真空泵用油的规格及加油量，应符合随机技术文件的规定；

3 真空泵应进行抽气性能的检验；在泵的吸入管上应装真空度测量仪，并应关闭真空泵与制冷系统连接的阀门，启动真空泵，将压力抽至0.0133kPa后，应停泵观察真空度测量仪，真空度测量仪应无泄漏显示。

2.5.2 系统气密性试验的气体应采用干净的空气或氮气。试验压力宜为设计压力，且不应小于 0.08MPa。经用泡沫剂检查应无泄漏，应用灵敏度大于或等于 1×10^{-6} Pa·m^3/s 的氦质谱仪检漏，机组整体泄漏不应大于 2×10^{-6} Pa·m^3/s。

2.5.3 系统抽真空试验应在气密性试验合格后进行，试验时应将压缩机吸、排气截止阀关闭，启动真空泵将系统内绝对压力抽至 0.0665kPa 后，关闭真空泵上的抽气阀门，其 24h 后压力的上升不应大于 0.0266kPa。

2.5.4 系统气密性试验和抽真空试验后，应用 0.5MPa～0.6MPa的干燥压缩空气或氮气按顺序反复吹扫，并应直至排污口处的标靶上无污物。

2.5.5 制冷系统的加液，应符合下列要求：

1 应按随机技术文件的规定配制溴化锂溶液；配制后，溶液应在容器中进行沉淀，并应保持洁净，不得有油类物质或其他杂物混入；

2 应启动真空泵，并应将系统抽真空至 0.0665kPa 绝对压力以下；当系统内部冲洗后有残留水分时，可将系统抽至环境温度相对应的水蒸气饱和压力，其压力应符合附录 B 的规定；

3 加液连接管应采用真空胶管，连接管的一端应与规定的阀门连接，接头密封应良好；管的另一端应插入加液桶中，且应浸没在溶液中，与桶底的距离不应小于 100mm；

4 开启加液阀门，应将溶液注入系统；溴化锂溶液的加入量应符合随机技术文件的规定；加液过程中，应防止将空气带入系统。

2.5.6 制冷系统的试运转，应符合下列要求：

1 启动运转应符合下列要求：

1) 应向冷却水系统和冷水系统供水，当冷却水温度低于 20℃时，应调节阀门减少冷却水供水量；

2) 启动发生器泵、吸收器泵，应使溶液循环；

3）应慢慢开启蒸汽或热水阀门，向发生器供蒸汽或热水；对以蒸汽为热源的机组，应在较低的蒸汽压力状态下运转，无异常现象后，再逐渐提高蒸汽压力至随机技术文件的规定值；

4）当蒸发器冷剂水液囊具有足够的积水后，应启动蒸发器泵，并调节制冷机，且应使其正常运转；

5）启动运转过程中，应启动真空泵，抽除系统内的残余空气或初期运转产生的不凝性气体。

2 运转中应做好检查与实测记录，检查项目应符合下列要求：

1）稀溶液、浓溶液和混合溶液的浓度、温度，冷却水、冷媒水的水量和进、出口温度差，加热蒸汽的压力、温度和凝结水的温度、流量或热水的温度及流量，均应符合随机技术文件的规定；

2）混有溴化锂的冷剂水的比重不应大于1.04；

3）系统应保持规定的真空度；

4）屏蔽泵的工作应稳定，并无阻塞、过热、异常声响等现象；

5）各安全保护继电器的动作应灵敏、正确，仪表的指示应准确。

2.6 组合冷库

2.6.1 组合冷库的制冷系统设备的安装，应符合本规范第2.1节～第2.5节的有关规定。

2.6.2 组合冷库的库体安装前，应检查金属库板，金属库板表面应平整、无翘曲、无明显的划碰伤和凹凸不平等现象；其板芯泡沫塑料的物理机械性能和填充量，应符合设计规定。

2.6.3 组合冷库的库体安装，应符合下列要求：

1 组装后的冷库库体接缝应均匀、严密，接缝错位不应大于1.5mm；

2 库板接缝处密封材料应符合设计规定；现场配制的发泡剂，其配合比应符合密封的要求；

3 总装后，库体外观应无明显缺陷；库门应开闭灵活、无变形、密封良好，并应装带有安全脱扣的门锁；

4 库体表面涂层应色泽均匀、光滑平整、无明显划痕和擦伤，与金属板结合应牢固，且应无锈蚀和剥落现象。

2.6.4 气调冷库的气调系统设备安装，除应符合随机技术文件的规定外，尚应符合下列要求：

1 气调设备、管道及控制阀门应排列整齐，安装牢固；

2 管道及阀门的接头和密封处，不应有漏气、滴水等现象；气调管道长度不应超过100m。各管道挠度不应大于1/350；管道上不应有下垂的U形弯管；管道应坡向气调间内；管道与气调机的连接处应采用软管连接；

3 燃烧降氧的设备应设断水报警装置；燃气、燃料应置于气调设备间外，且应符合有关防火安全规定。

2.6.5 气调冷库在库体安装后，应进行库体气密性试验，库体气密性试验应符合下列要求：

1 将库门打开，库内外空气应充分交换，库门打开时间不应小于24h；

2 应堵塞所有与库外相通的孔洞，并应用密封胶密封；

3 应关闭气密门，气密门密封应良好；

4 应启动鼓风机，并应待库内压力达到100Pa后停机，同时应开始计时；

5 库内压力值应每隔1min记录一次，读数应准确到5Pa；

6 当试验至10min时，库内剩余压力不应小于50Pa；

7 应绘制库内压力随时间变化的曲线。

2.6.6 气调冷库在库体气密性试验后应进行气调试验，气调试验应符合下列要求：

1 气调系统的管线及阀门应畅通，非气调间阀门应关严；

2　应启动气调设备，并应记录气调试验开始的时间；

3　试验开始后，库内氧气、二氧化碳的含量应每隔1h记录一次，其采用分析仪表的精度不应低于0.1%；

4　当库内氧气含量达到(3±0.5)%、二氧化碳含量达到(5±0.5)%后，应关闭气调设备，并应记录试验结束的时间，其气调试验的试验时间不应大于表2.6.6的规定；

表2.6.6　气调试验的试验时间

单间库容(m^3)	试验时间(h)
<1000	96
≥1000	120

5　应绘制库内气体含量值随时间变化的曲线。

2.6.7　组合冷库的空库降温试验，应符合下列要求：

1　试验环境应避免日光直射，场地周围应无各种热流影响，环境温度波动不应超过4℃；

2　应关闭库体和库内的照明灯，库内应用电加热器预热；当库内温度达到32℃时，应稳定1h后进行测试；

3　应保持库内温度为(32±1)℃，并应测定其电加热器输入的热量，同时应保持该输入热量；

4　在测试时间内，输入热量的波动值不应大于1%；

5　应启动制冷机对冷库进行降温，并应记录降温起始时间；

6　地坪表层为混凝土的大、中型组合冷库的空库降温试验，在降至1℃～3℃时，应对地坪与库板结合处、地坪面等处进行检查，无异常变化后应将库温逐步降至设计温度；高温库、气调库可直接降至设计温度，并应保持24h；

7　地坪表层为非混凝土的小型组合冷库的空库降温试验，可将库温直接降至设计温度；

8　库温降至设计温度后，库体外表面应无结露、结霜等现象；

9　空库降温开始后，应记录库内初始温度，开始30min内应每隔5min记录一次，30min后应每隔10min记录一次；

10　当测试过程中环境温度发生变化时，应每隔 30min 修正一次向库内输入的热量；热量修正值应按下式计算：

$$\Delta Q=\frac{Q_0}{32-t_0}\cdot\Delta t \qquad (2.6.7)$$

式中：ΔQ——热量修正值(W)；

Q_0——试验初始输入热量(W)；

t_0——试验初始环境温度(℃)；

Δt——环境温度变化值(℃)。

11　当库温达到设计温度时，应记录降温结束时间，并应计算组合冷库的空库降温时间；

12　组合冷库的空库降温时间，不应大于表 2.6.7 的规定。

表 2.6.7　组合冷库的空库降温时间(h)

单间库容(m³)		降温时间			
		高温	中温	低温	冻结
冷冻冷藏	≤100	1.0	1.5	2.5	3.5
	>100～1000	3.0	3.5	4.5	5.0
	>1000	4.0	4.5	5.5	—
气调	500～1000	4.0	4.5	5.0	
	>1000	5.0	5.5	6.0	

13　应用同一时间内库内各测点的平均值绘制降温试验曲线。

2.6.8　组合冷库的库温分类，应根据库温按表 2.6.8 的规定确定。

表 2.6.8　组合冷库的库温分类

库温分类		高温	中温	低温	冻结
库温(℃)	冷冻冷藏	−2～12	−10～−2	−20～−10	−30～−20
	气调	8～15	0～8	−2～0	—

2.6.9　组合冷库的库内温度不均匀性试验，应在组合冷库的空库

降温试验结束后，制冷机组继续运行15min，其库内各测温点温度差值符合表2.6.9的要求：

表2.6.9 库内各测点温度差值

单间库容(m^3)	≤500	>500
库内温度不均匀性(℃)	≤5.0	≤6.0

3 空气分离设备

3.1 基本规定

3.1.1 分馏塔的防水和抗冻基础，应具有检验合格记录；当隔冷层采用膨胀珍珠岩混凝土时，其抗压强度不应小于7.5MPa，导热系数不应大于0.23W/(m·K)，并不应有裂纹。

3.1.2 吸附剂、绝热材料的规格和性能，应符合随机技术文件的规定；无规定时，吸附剂和绝热材料的选用应符合现行行业标准《大中型空气分离设备》JB/T 8693的有关规定。

3.1.3 空气分离设备的黄铜制件不得接触氨气，铝制件不得接触碱液；充氮气密封的部分，在保管期间高压腔压力宜保持10kPa～20kPa，低压腔压力应保持1kPa。

3.1.4 空气分离设备的脱脂，应符合下列规定：

1 与氧或富氧介质接触的设备、管路、阀门和各忌油设备均应进行脱脂处理；

2 脱脂方法和脱脂剂的选用，宜按现行国家标准《机械设备安装工程施工及验收通用规范》GB 50231的有关规定执行；

3 脱脂后，脱脂件表面油脂的残留量不应超过125mg/m^2；

4 制造厂已做过脱脂处理，但经抽查脱脂件表面油脂的残留量超过125mg/m^{2}时，应再进行脱脂处理。

3.1.5 受压设备就位前，其压力试验和气密性试验应符合下列要求：

1 制造厂已做过压力试验并有合格证的可不做压力试验，但应做气密性试验；当发现设备有损伤或在现场做过局部改装时，应做压力试验；对充氮气保护的受压设备，运抵现场后经检测氮气保护压力低于8kPa时，应做压力试验和气密性试验；

2 压力试验和气密性试验压力与保压时间应按随机技术文件的规定执行；无规定时，应按表3.1.5-1和表3.1.5-2的规定确定，且试验压力不得小于0.1MPa；

表3.1.5-1 压力容器的试验压力与保压时间

项目		试验压力(MPa)	保压时间(min)
压力试验	液压试验	1.25P	10～30
	气压试验	1.15P	10～30
气密性试验		1.00P	≥30

注：P为设计压力。铝制设备保压时间取小值，铜制设备保压时间取大值。

表3.1.5-2 铝制盘管式换热器的试验压力与保压时间

项目	试验项目	试验压力MPa	保压时间(min)
压力试验	液压试验	1.50P且≥0.1	≥10
	气压试验	1.25P且≥0.1	≥10
气密性试验	气密性试验	1.00P且≥0.06	≥60

注：P设计压力。

3 液压试验应采用洁净水或液体。当受压设备内充满液体后，应排出滞留在设备内的气体，并应待内外壁温接近时再缓慢升至设计压力；经检查无异常后应继续升至试验压力，其试验压力和保压时间符合表3.1.5-1和表3.1.5-2的规定后，应降至设计压力保压，其保压时间不应少于30min，经检查无泄漏和异常现象。液压试验后，应用洁净、干燥、无油的压缩空气将受压设备内部吹干、吹净。对奥氏体不锈钢压力容器以水为介质进行液压试验时，水中的氯离子含量不应超过25mg/L；

4 气压试验应采用洁净、干燥、无油的空气或惰性气体；对碳素钢和低合金钢制造的压力容器，试验气体温度不应低于15℃；其他材料制造的压力容器，试验气体的温度应符合设计规定。进行气压试验时应先缓慢升至试验压力的10%，并应保压5min；检查无泄漏后，应继续升至试验压力的50%，并应保压5min；当无异常后，应按试验压力的10%的速度逐级升至试验压力，并应保压10min；无异常后，应降至设计压力，并应保压30min，经检查应无泄漏和变形现象；

5 气密性试验时，其压力应缓慢上升至试验压力，在试验压力下所有焊缝和连接部位应涂抹检查液，并应无泄漏现象。

3.1.6 阀门应按系统压力做气密性试验，其泄漏量不应超过随机技术文件的规定；自动阀的密封面可采用煤油做渗漏检查，并应保持5min后无渗漏现象。

3.1.7 安全阀的开启压力应按随机技术文件规定的整定值进行调整，无规定时，应按设计压力进行调整；调整达到要求后，应进行铅封。

3.1.8 氧气管道安装应符合现行国家标准《氧气及相关气体安全技术规程》GB 16912 的有关规定，并应符合下列要求：

1 冷弯或热弯的弯曲半径不应小于管外径的5倍；无缝或碳钢压制焊接弯头，弯曲半径不应小于管外径的1.5倍；不锈钢或铜基合金无缝或压制弯头，弯曲半径不应小于管外径；严禁采用折皱弯头；

2 变径管变径部分长度不宜小于两端管外径差值的3倍；

3 工作压力小于或等于0.6MPa的法兰密封，宜采用石棉橡胶垫片；工作压力大于0.6MPa的法兰密封，应采用经退火软化的铝或紫铜垫片、缠绕不锈钢垫片、聚四氟乙烯垫片；

4 碳钢管道、不锈钢管道对接焊缝焊接应采用氩弧焊打底；铝、铜管道焊接应采用钨极氩弧焊或熔化极氩弧焊，不得采用气焊或电弧焊；其焊接的质量要求应符合国家现行有关标准的规定；

3.1.9 氧气管道中的切断阀，严禁使用闸阀；

3.1.10 氧气管道必须设置防静电接地。每对法兰或螺纹连接间的电阻值超过0.03Ω时，应设置导线跨接。

3.1.11 忌油设备进行试压和吹扫时，其介质应采用清洁、干燥、无油的空气或氮气；当采用氮气时，应采取防窒息措施。当进行吹扫时，宜将气流吹在白色滤纸或白布上，经10min后观察，纸上应无油污和杂质。

3.2 分馏塔组装

3.2.1 直接安放整体分馏塔的基础，其表面水平度不应大于1.5/1000。

3.2.2 现场组装分馏塔的基础，其表面水平度不应大于5/1000。全长上标高的偏差不应大于15mm。

3.2.3 保冷箱基础框架的安装水平，应在型钢水平面上纵、横向进行检测，其偏差不应大于1/1000。

3.2.4 设备的就位、找正和调平，应符合下列要求：

1 应将选定的主管口中心与基础面上的基准线对准，其偏差不应大于3mm；

2 精馏塔现场拼装的几何尺寸、允许偏差和焊接质量，应符合制造图样及其焊接的技术要求；

3 精馏塔的铅垂度偏差不应大于1/1000，总偏差不应大于20mm；当采用设备本身的校直器校正铅垂度时，其允许偏差应符合表3.2.4-1和表3.2.4-2的规定；

表3.2.4-1 精馏塔的安装铅垂度的允许偏差(mm)

名　　称	上塔	下塔	精氩塔	粗氩塔
允许偏差	≤2	≤1.5	≤2	≤5

表3.2.4-2 筛板式结构的精馏塔安装铅垂度的允许偏差(mm)

塔体直径	<1000	≥1000
允许偏差	≤2‰D，且≤1	≤1‰D，且≤3

注：D为塔体直径。

4 可逆式换热器或主换热器安装铅垂度允许偏差为换热器高度的1.5‰,且不应大于10mm;

5 其他设备的铅垂度偏差,不应大于设备高度的2‰;

6 整体分馏塔调平时,应使外筒壳的上、下标记对准所挂的铅垂线。

3.2.5 冷箱的组装应符合下列要求:

1 冷箱面板每片对角线长度及四边垂直度的允许偏差,应符合表3.2.5的规定;

表3.2.5 冷箱面板每片对角线长度及四边垂直度的允许偏差(mm)

面板尺寸	>1000~2000	>2000~4000	>4000~8000	>8000~12000	>12000~16000	>16000~20000	>20000
允许偏差	±3	±4	±5	±6	±7	±8	±9

2 冷箱安装的铅垂度应符合随机技术文件的规定;无规定时,冷箱安装铅垂度偏差不应大于1.5/1000,冷箱总高垂直偏差不应大于20mm;

3 外表面的连续焊缝应无漏焊,其外观检查应合格并无漏水现象;

4 立式液体泵法兰的平面安装水平偏差不应大于1/1000。

3.2.6 分馏塔平台标高的偏差不应大于10mm;各立柱的铅垂度偏差不应大于1/1000,全长上的偏差不应大于10mm。

3.2.7 冷箱内的配管,应符合下列要求:

1 壁厚大于3mm的管子配管前,应加工焊缝坡口;管道和管件应进行脱脂处理;

2 配管的顺序应先大管、后小管,先主管、后辅管,先下部管、后上部管,且不得强行配管;直径大于45mm的管道配接或预装时,应留一段作为最终接管,并应在其他段管道连接焊好后焊接;

3 管道上的温度计、压力表和分析管等接头应先开口，不得在配管后开口；施工中，各容器和管道的开口应封闭；

4 各管道间距及管道与设备的最小距离，宜符合下列要求：

1）冷、热管道外壁间的距离，当两管道平行时不宜小于300mm，交叉时不宜小于200mm；

2）冷、热管道外壁距液体容器表面间的距离，不宜小于300mm；

3）低温液体管外壁与冷箱内壁型钢间的距离，不宜小于400mm；

4）低温气体管外壁与冷箱内壁型钢间的距离，不宜小于300mm；

5）低温管外壁与分馏塔基础表面间的距离，不宜小于300mm。

5 液体排放管宜与设备向上倾斜连接，并宜在靠近冷箱内壁型钢约400mm范围内将其弯成倒U形且通向排放阀，倒U形的高度宜为管子外径的6倍～10倍，并应采取防止阀门结霜的措施；与液体容器连接的加热管、吹除管和安全阀的配管宜符合本条第1款～第4款的规定；

6 气体吹除管的坡度应符合随机技术文件的规定；无规定时，应设1/10的坡度向吹除阀方向下降倾斜，并应无下凹死区；

7 直径大于或等于25mm的铝管，宜在焊接缝处加内衬圈；直径小于25mm的铝管，宜加外套圈。

3.2.8 计器管的装配，应符合随机技术文件的规定；无规定时，应符合下列要求：

1 计器管应进行脱脂处理，并宜在试压后进行装配；

2 计器管与设备或冷管的外壁间距，不应小于100mm；气体计器管、压力表管、分析仪表管的安装，应符合图3.2.8-1的规定：

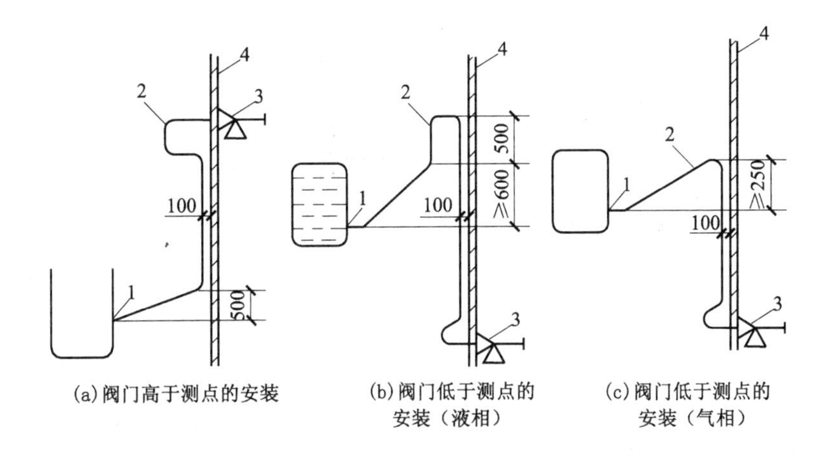

图 3.2.8-1 气体计器、压力表、分析仪表管安装

1—测点位置；2—测量管；3—阀门；4—冷箱壁板

3 液面测量管的安装应符合图 3.2.8-2 的规定：

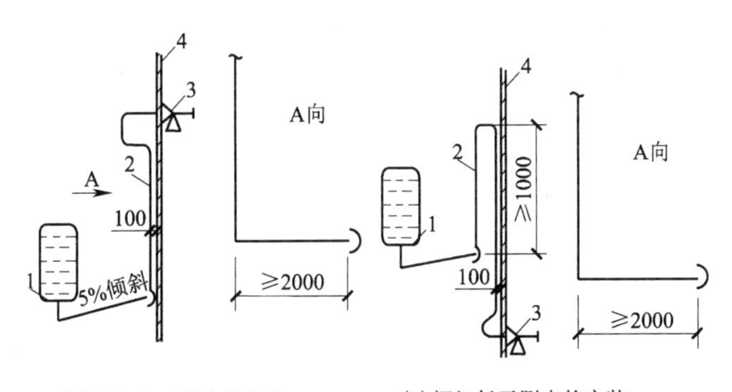

图 3.2.8-2 液面测量管的安装

1—测点位置；2—测量管；3—阀门；4—冷箱壁板

4 气态流量测量管的安装，应符合图 3.2.8-1(a)、(c)的规定；液态流量测量管的安装，应符合图 3.2.8-3 的规定：

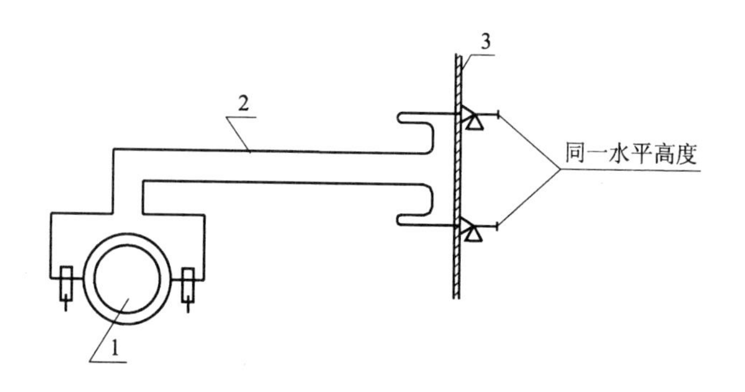

图 3.2.8-3　液态流量测管的安装

1—液态流量测量装置;2—测量管;3—冷箱壁板

5　计器管应安置在保护架内,并应用管卡或带子固定,严禁焊接固定;保护架应固定牢固,并应防止积水。

3.2.9　分馏塔外部管路装配时,管内应无锈蚀、杂物和油污现象。

3.3　吹　　扫

3.3.1　吹扫前后准备工作,应符合下列要求:

1　在吹扫系统中,当未设与大气相通的吹扫阀时,可在有利于吹扫的部位开设吹扫孔,吹扫结束后,应用盲板封堵;

2　膨胀机和液氧泵的进、出口管应加盲板断开,其入口管过滤器芯子应拆除;

3　流量计孔板应卸下,待吹扫后应按原样装复;

4　吹扫可逆式换热器时,应将自动阀箱人孔打开,其低压侧自动阀孔应用盲板封堵;吹扫后应及时将自动阀装上,并应检漏和将人孔封闭。

3.3.2　分馏塔的吹扫应先吹塔外系统,后吹塔内系统,并应防止脏物带入塔内;塔外管道吹扫时,与冷箱连接的部位应加设挡板。

3.3.3　吹扫塔内系统时,应先吹板翅式换热器及其上的计器管,后吹其他设备和管路。

3.3.4　吹扫时采用的空气压力,中压系统宜为 0.25MPa～

0.4MPa,低压系统宜为0.04MPa～0.05MPa。

3.3.5 除精馏塔外,各系统的吹扫应反复进行多次冲击。吹扫时间不应少于4h,应用沾湿的白色滤纸或白布放在吹扫出口处,经5min后观察,滤纸或白布上应无机械杂质。

3.4 整体试压

3.4.1 分馏塔吹扫洁净后,各压力系统应用盲板分开并进行气密性试验。

3.4.2 解体出厂现场组装的分馏塔气密性试验压力、保压时间和残留率的要求,应符合随机技术文件的规定;无规定时,应符合表3.4.2的规定。

表3.4.2 气密性试验压力、保压时间和残留率

项　　目	试验压力(MPa)	保压时间(h)	残留率(%)
中压系统	0.60	12	≥95
低压系统	0.10	12	≥95
液压循环系统	0.30	12	≥97

3.4.3 系统中气体的残留率,应按下式计算:

$$\Delta=\frac{P_2(273+t_1)}{P_1(273+t_2)}\times 100\% \qquad (3.4.3)$$

式中:Δ——系统中气体的残留率(%);

P_1——开始时系统中气体的绝对压力(MPa);

P_2——结束时系统中气体的绝对压力(MPa);

t_1——开始时系统中气体的温度(℃);

t_2——结束时系统中气体的温度(℃)。

3.4.4 气密性试验应符合下列要求:

1 试验用的压缩空气应洁净、干燥、无油;升压应缓慢平稳,应在无异常现象后逐步升压至试验压力;

2 采用无脂肥皂或二丁萘硫酸钠溶液检漏后,应立即用热水将皂液或溶液擦洗干净;

3　气密性试验，应在试验压力稳定30min后开始记录起点压力和温度，并应准时记录终点压力和终点温度；

4　气密性试验合格后，应将盲板拆除复原，并应按工作压力进行整体通气检查。

3.4.5　分馏塔内的吸附过滤器、液氧循环吸附器等需切换再生操作的设备，应单独做气密性试验，保压时间宜为4h，其进、出口阀门范围内气体的残留率不应小于99％。

3.4.6　整体安装的分馏塔就位和装完附件后，分馏塔的气密性试验应符合下列要求：

1　应按随机技术文件的规定对分馏塔内、外系统进行吹扫；

2　安全阀前不应加盲板；

3　应按高压、中压、低压系统分别试压及检漏；

4　分馏塔内、外的各主要设备气密性试验的保压时间和允许压力降，应符合表3.4.6的规定；

表3.4.6　分馏塔内、外的各主要设备气密性试验的保压时间和允许压力降

试验压力(MPa)		保压时间(h)	允许压力降(MPa)
高压系统	20	1	0.4
	10	1	0.2
	5	1	0.1
中压系统	2.5	1	0.075
	1.2	2	0.05
	0.6	4	0.02
低压系统	0.06	8	0.01

3.4.7　系统的压力降应按下式计算：

$$\Delta P = P_1 - \frac{(273 + t_1)}{(273 + t_2)} \times P_2 \tag{3.4.7}$$

式中：ΔP——系统的压力降(MPa)；

P_1——开始时系统中气体的绝对压力(MPa)；

P_2——结束时系统中气体的绝对压力(MPa)；

t_1——开始时系统中气体的温度(℃);

t_2——结束时系统中气体的温度(℃)。

3.5 整体裸冷试验

3.5.1 整体裸冷试验前,应对分馏塔进行全面加温和吹冷;空气压缩机、膨胀机、切换阀和仪表控制系统、电气控制系统及安全保护装置应做好运转的准备工作。

3.5.2 整体裸冷试验应按随机技术文件的规定进行,并应依次将精馏塔、冷凝蒸发器等主要设备冷却到最低的温度,并应保持1h～2h后冷却整个分馏塔,应使所有的设备、管路外表面上结白霜后,再保持3h～4h。

3.5.3 设备启动后,应密切监视各工况的变化情况,整个操作中各个环节应无异常,并应每隔0.5h做一次压力、温度等记录。在冷态下,应检查各部位有无变形,应根据结霜情况判断有无泄漏,并应将泄漏点的位置做出标记。

3.5.4 在裸冷试验后和化霜前,应将保冷箱内所有法兰及阀门的连接螺栓再紧固一次。

3.5.5 分馏塔恢复到常温后,应以工作压力对整个系统通气检查,系统应无泄漏。

3.5.6 整体裸冷试验后,当有补焊、密封面处理和局部改装时,宜再进行裸冷试验。

3.6 装填绝热材料

3.6.1 装填绝热材料应在整体裸冷试验合格后进行,并应使分馏塔和基础上表面保持干燥。

3.6.2 装填绝热材料,应符合下列要求:

1 绝热材料内不应混有可燃物;

2 绝热材料不得受潮,并不得在雨、雪天装填;

3 不应损伤计器管和电缆;

4 装填应密实，不得有空穴。

3.6.3 当装填绝热材料时，分馏塔内各设备、管路均应充气，充气压力宜为 45kPa～50kPa；并应微开各计器管阀门通气，同时应接通铂热电阻电路，观察计器管和电缆有无故障。

3.7 稀有气体提取设备

3.7.1 稀有气体提取设备的调平、配管和试压等应符合本规范第3章的有关规定。

3.7.2 真空容器在安装前，应进行外观检查；有明显损伤时，应做真空度检查。

3.7.3 纯化和分离系统中需抽真空的区段，其气密性试验和真空检查应符合随机技术文件的规定；无规定时，应符合下列要求：

1 气密性试验的试验气体宜采用氮气，在试验压力达到工作压力且保压 24h 后，应无泄漏；

2 真空检查应在停泵保持 24h 后进行，其泄漏率应按下式计算，且不应大于 $1.33\times10^{-2}\mathrm{Pa\cdot L/s}$；

$$Q=\frac{\Delta P\times V}{\Delta t} \qquad (3.7.3)$$

式中：Q——泄漏率（Pa·L/s）；

ΔP——两次测量的绝对压力差（Pa）；

V——真空腔容积（L）；

Δt——两次测量的时间间隔（s）。

3.7.4 吸附器、纯化器、催化器在装填吸附剂、催化剂前，应采用干燥无油的热空气吹干、吹净；热空气的排出温度宜为 60℃～80℃。

3.8 透平式膨胀机

3.8.1 整台设备的吊装，不得使用膨胀机的蜗壳或箱盖的吊环。

3.8.2 膨胀机的清洗和装配，应符合下列要求：

1 机件的装配程序、方法和间隙等，均应符合随机技术文件的规定，并应做记录；

2 组装工作轮和风机轮的转子部件应按制造厂的标记进行；工作轮、风机轮和转轴的锁紧装置应可靠；

3 电机、齿轮轴、转子轴连接时，其同轴度应符合随机技术文件的规定；

4 润滑系统和冷却系统应清洗洁净，并应保持畅通。

3.8.3 膨胀机的纵、横向安装水平，应符合随机技术文件的规定。电机制动的膨胀机安装水平，应在高速齿轮轴上检测。

3.8.4 膨胀机裸冷试验前应进行检查，并应符合下列要求：

1 紧急切断阀门，应处于全开位置；

2 加注润滑油的规格、性能和数量，应符合随机技术文件的规定；

3 润滑系统和冷却系统，应清洗洁净并畅通；

4 接通密封气体，压力应符合随机技术文件的规定；

5 电机的转向，应符合膨胀机的转向；

6 安全装置应准确、可靠；

7 运动部件和导流叶片的调节机构，应灵活，无阻滞现象；

8 仪表和电气装置的调整应正确。

3.8.5 膨胀机裸冷试验，应符合下列要求：

1 在装填绝热材料前，应与分馏塔整体裸冷同时进行；

2 每次裸冷试验前应加温吹扫，试验后应加温解冻吹扫；

3 膨胀机轴承的垂直双向振幅值，应符合随机技术文件的规定；

4 膨胀机的超速控制宜采用模拟方法试验，并应连续三次试验，其动作应正确无误；

5 应进行紧急切断阀的关闭试验；

6 转动导流叶片的调节机构，应灵活、无卡阻现象；

7 膨胀机的轴承温度和油温，不应超过随机技术文件的规定。

3.8.6 膨胀机在成套空气分离设备试运转中应检查下列项目，并应做实测记录：

1 润滑油的压力和温度；

2 轴承温度；

3 进、出口压力和温度；

4 喷嘴后压力；

5 流量；

6 转速。

3.9 活塞式膨胀机

3.9.1 活塞式膨胀机安装前，检查和清洗应符合下列要求：

1 活塞式膨胀机在出厂的防锈保证期内安装时，应对气阀拆卸、检查和清洗；超过防锈保证期安装时，应对活塞、连杆、气阀和填料等进行拆卸、检查和清洗；气阀和填料不得用蒸汽清洗；

2 进、排气阀杆与顶杆间的间隙及气缸的余隙，应符合随机技术文件的规定；

3 润滑系统应清洗洁净，并应保持畅通。

3.9.2 膨胀机的纵、横向安装水平偏差，均不应大于0.1/1000。

3.9.3 膨胀机应进行气密性试验，其管路和接头应无泄漏；进、排气阀杆和活塞杆的填函处，均不宜泄漏。

3.9.4 膨胀机裸冷试验前除应符合本规范第3.8.4条第2款～第8款的规定外，尚应检查进、排气管路，进、排气管路不应存有压缩空气。

3.9.5 膨胀机的空负荷试运转应在装填绝热材料前进行；超速控制试验宜采用模拟方法试验，并应连续三次试验，其动作应正确无误。

3.9.6 膨胀机在裸冷试验时，进、排气阀杆填函处不宜有泄漏，其余各处不得有泄漏。排除泄漏应在停机、解冻、卸压后进行。

3.9.7 膨胀机在成套空气分离设备试运转中，润滑油温不应超过70℃；进、排气口的压力、温度和膨胀机的转速以及轴承温度，应符合随机技术文件的规定，并应做实测记录。

3.9.8 试运转完毕后，应及时进行加温吹扫，并应使各受潮部分完全干燥。

3.10 离心式低温液体泵

3.10.1 泵的清洗、装配和试运转，应符合随机技术文件的规定；与介质接触的零部件脱脂应符合本规范第3.1.4条的规定；其常温状态下的试运转应符合现行国家标准《风机、压缩机、泵施工与验收规范》GB 50275的有关规定。

3.10.2 贮槽到泵的进液管应向泵的吸入端方向倾斜；液体进贮槽的管路应向上倾斜。泵的吸入管口和排出管口宜设置波纹补偿器。

3.10.3 脱开联轴器检查电机的转向，应与泵的转向一致；工作条件不具备时，不得随意启动泵。

3.10.4 泵在试运转前应充分预冷，预冷后应盘动数转，不应有轻重不匀或卡阻现象，不得强行盘车。

3.10.5 试运转时，应检查泵的进、出口压力、密封气体压力和轴承温度，并应做实测记录。轴承在正常运行中温升不应超过35℃，轴承最高温度不应超过75℃。

3.11 柱塞式低温液体泵

3.11.1 泵就位前，应按随机技术文件的规定进行清洗和脱脂。

3.11.2 泵的纵、横向安装水平偏差，均不应大于0.1/1000。

3.11.3 泵的柱塞与气缸顶部的间隙，应符合随机技术文件的规定；各运动部件应灵活、无阻滞现象。

3.11.4 装设泵的吸入管和排出管，应符合本规范第3.10.2条的规定。

3.11.5 泵启动前的检查，应符合下列要求：

1 应按随机技术文件的规定加注低温润滑油；

2 电机的转向应与泵的转向一致；

3 吸入液体前，气缸内应进行干燥处理；

4 柱塞和气缸应充分预冷；预冷后，其运动部件应灵活、无阻滞现象。

3.11.6 泵试运转时，出口压力和润滑油的温升应符合随机技术文件的规定，并应做实测记录。

3.11.7 泵停止运转后，应及时进行干燥处理。

3.12 回热式制冷机

3.12.1 制冷机外部表面的油封应清洗洁净，其余部分不宜拆卸和清洗；加注润滑油应符合随机技术文件的规定。

3.12.2 制冷机的气封压力低于 0.05MPa 时，应及时充入干燥惰性气体。

3.12.3 制冷机用的冷却水应采用软化水，其压力不应低于 0.16MPa。

3.12.4 试运转前应检查电机转向，其转向从电机尾部面向制冷机看，应为顺时针方向。

3.12.5 制冷机试运转，应符合随机技术文件的规定。

3.13 其 他 设 备

3.13.1 吸附器的安装，应符合下列要求：

1 油封防锈的阀门安装前，应进行脱脂处理；

2 管路、阀门装配完毕后，在吸附剂装填前，应按设计压力进行气密性试验；并应保压 1h 且无泄漏；

3 吸附剂应装填密实。吸附剂的装填应在干燥的天气中进行，人工装填的操作人员的劳动保护用品应无油脂；

4 设备在吸附剂装填后和使用前应进行吹扫，并应防止留有粉末和碎粒。

3.13.2 安装空气冷却塔和水冷却塔，应符合下列要求：

1 塔体的铅垂度偏差不应大于1/1000，且不应大于10mm；

2 管路、设备装配完毕后，应在工作压力下以无脂肥皂液进行泄漏检查，连接处和密封处应无气泡。

3.13.3 贮气囊的安装，应符合下列要求：

1 就位前应除去内部滑石粉；

2 应以工作压力进行气密性试验，并应保压24h后无泄漏。

3.13.4 灌充器的安装，应符合下列要求：

1 应以工作压力进行气密性试验，并应保压1h后无泄漏；

2 灌充器经脱脂、试压和干燥处理后，各接头应包封良好。

3.13.5 低温液体贮槽的安装，应符合下列要求：

1 卧式贮槽的安装水平和立式贮槽铅垂度，均不应大于1/1000；

2 粉末真空结构的贮槽应检查其夹层内的真空度，真空度应大于1.33Pa；

3 应按工作压力进行气密性试验，保压不应少于30min，应无泄漏和异常变形；

4 安装容器的基础，应坚实牢固、防火、耐热；安装液氧设备的基础，应无油脂及其他可燃物，不应使用沥青地面；

5 液氧容器的安装间距，不应小于相邻两容器中较大容器的半径，且不应小于1m；

6 液氮、液氩容器宜安置在室外。当安置在室内时，安装场所应有良好的通风条件或设置换气通风装置，并应安全排放液体、气体，同时应将气体紧急放空口引出室外至安全处。放空口离地面高度不得低于2m；

7 液氧容器安置在室外时，必须设置防静电接地和防雷击装置；

8 防止静电的接地电阻不应大于10Ω；防雷击装置的最大冲

击电阻宜为30Ω。

3.14 试 运 转

3.14.1 成套空气分离设备试运转前，应具备下列条件：

1 分馏塔应经整体裸冷试验合格；

2 空压机应经试运转，其排气量、压力和温度应符合分馏塔的要求；

3 各配套的机组、仪表控制系统、电气控制系统和安全保护装置等应符合试运转的要求。

3.14.2 成套空气分离设备的负荷试运转，应符合下列要求：

1 应在规定的介质状态下进行；

2 应无明显的漏气和漏液现象；

3 各机组运转应正常；

4 安装单位应配合建设单位进行成套空气分离设备的负荷试运转，直到系统工况稳定后，应每小时测定1次，且连续测定72h。

4 工程验收

4.0.1 制冷设备、空气分离设备安装工程施工完毕，经系统负荷试运转符合本规范的有关规定后，应办理工程验收。

4.0.2 制冷设备、空气分离设备安装工程未办理工程验收时，设备不得交付使用。

4.0.3 工程验收应具备下列资料：

1 设备开箱检查记录；

2 基础复查记录；

3 材料出厂合格证和检验记录或试验资料；

4 隐蔽工程施工记录；

5 设备安装重要工序施工记录；

6 管道焊接检验记录；

7 试运转记录；

8 设计修改通知单、竣工图及其他有关资料。

附录A　制冷和空气分离设备的清洁度限值

A.0.1　压缩机的清洁度检查，应符合下列要求：

1　应采用与介质或润滑油、脂相接触的立方米体积或平方米面积作为考核计算的单位；

2　应用清洗液清洗机器、零部件与介质或润滑油脂接触的表面；

3　应用90μm金属网过滤清洗后含有杂质的清洗液，将滤出的杂质放在容器中，容器放进烘箱，应升温至90℃±5℃经1h后取出；

4　应用精度不低于7级的普通天平称重，称得的质量应为清洁度值。

A.0.2　活塞式单机双级制冷压缩机整机的清洁度限值，应符合表A.0.2的规定。

表A.0.2　活塞式单机双级制冷压缩机整机的清洁度限值(g)

缸　　数		4(1/3)	6(2/4)	8(2/6)
缸　　径(mm)	70	0.83	0.94	1.05
	100	1.04	1.17	1.30
	125	1.23	1.44	1.60
	170	1.60	1.80	2.00

注：表中缸数为高、低压级缸数之和；括号中分子为高压缸数，分母为低压缸数。

A.0.3　喷油螺杆式单级制冷压缩机和冷凝机组的清洁度限值，应符合表A.0.3的规定。

表A.0.3　喷油螺杆式单级制冷压缩机和冷凝机组的清洁度限值

转子公称直径(mm)	100		125		160		200		250		315	
转子长径比	1	1.5	1	1.5	1	1.5	1	1.5	1	1.5	1	1.5
清洁度(g)	0.74	0.80	0.86	0.94	1.00	1.10	1.20	1.30	1.40	1.50	1.60	1.70

附录B 环境温度对应的水蒸气饱和压力

表B 环境温度对应的水蒸气饱和压力

温度(℃)	绝对压力(kPa)	温度(℃)	绝对压力(kPa)
0	0.6108	20	2.3368
1	0.6566	21	2.4855
2	0.7054	22	2.6424
3	0.7575	23	2.8079
4	0.8129	24	2.9824
5	0.8718	25	3.1663
6	0.9346	26	3.3600
7	1.0012	27	3.5639
8	1.0721	28	3.7785
9	1.1473	29	4.0043
10	1.2271	30	4.2417
11	1.3118	31	4.4913
12	1.4015	32	4.7536
13	1.4967	33	5.0290
14	1.5974	34	5.3182
15	1.7041	35	5.6217
16	1.8170	36	5.9401
17	1.9364	37	6.2740
18	2.0626	38	6.6240
19	2.1960	39	6.9907

本规范用词说明

1 为便于在执行本规范条文时区别对待，对要求严格程度不同的用词说明如下：

1）表示很严格，非这样做不可的：
正面词采用“必须”，反面词采用“严禁”；

2）表示严格，在正常情况下均应这样做的：
正面词采用“应”，反面词采用“不应”或“不得”；

3）表示允许稍有选择，在条件许可时首先应这样做的：
正面词采用“宜”，反面词采用“不宜”；

4）表示有选择，在一定条件下可以这样做的，采用“可”。

2 条文中指明应按其他有关标准执行的写法为：“应符合……的规定”或“应按……执行”。

引用标准名录

《工业循环冷却水处理设计规范》GB 50050
《自动化仪表工程施工及验收规范》GB 50093
《机械设备安装工程施工及验收通用规范》GB 50231
《工业金属管道工程施工及验收规范》GB 50235
《风机、压缩机、泵安装工程施工及验收规范》GB 50275
《氧气及相关气体安全技术规程》GB 16912
《大中型空气分离设备》JB/T 8693

中华人民共和国国家标准

制冷设备、空气分离设备安装工程施工及验收规范

GB 50274-2010

条 文 说 明

修订说明

《制冷设备、空气分离设备安装工程施工及验收规范》GB 50274—2010经住房和城乡建设部2010年7月28日以第671号公告批准发布。

原规范GB 50274—98主编单位：机械工业部安装工程标准定额站；参编单位：中国机械工业第四安装工程公司、机械工业部合肥通用机械研究所、杭州制氧机厂、开封空分设备厂、中国空分公司；主要起草人：罗志伟、晏文华、陈士佼、戴厚忠、钟存铨、王金荣、潘元泉、刘瑞敏。

本规范的修订，涵盖了有代表性制冷、空气分离设备类型，并新增加了产品制造技术条件、应用面广、用量快速增长机型，对产品制造技术条件已经废止、趋于淘汰的机型予以删除；对涉及人身、设备安全、环保的项目列入本规范。

为了广大设计、施工、科研、学校等单位有关人员在使用本规范时能正确理解和执行条文，《制冷设备、空气分离设备安装工程施工及验收规范》编制组特按章、节、条的顺序编制了本规范的条文说明，对条文规定的目的、依据以及执行中需注意的有关事项进行了说明。

目　　次

1 总　　则

1.0.1 阐明了本次修订本规范的目的。本规范是对制冷设备、空气分离设备安装要求的统一规定，以保证该设备的安装质量和安全运行，同时不断提高工程质量和促进安装技术的不断发展。

1.0.2 本规范的适用范围为制冷设备和空气分离设备的安装。其中的制冷设备包括：活塞式、离心式、螺杆式、溴化锂吸收式制冷设备和组合冷库的安装；以低温精馏法制取氧气、氮气和稀有气体的空气分离设备包括分馏塔、稀有气体提取设备、膨胀机、低温泵、回热式制冷机、其他附属设备的安装以及分馏塔的试压、吹扫、整体裸冷等系统试验和试运转。

1.0.3 在制冷设备、空分设备安装工程中所涉及到的施工共性技术要求，如施工准备、设备放线就位及调平，地脚螺栓、垫铁及灌浆和装配等内容，在现行国家标准《机械设备安装工程施工及验收通用规范》GB 50231 中已有详细规定，本规范不再重复规定。

在制冷设备、空气分离设备安装工程的施工中涉及其他工程和辅助设备、装置、部件等的安装时，因均有相应的国家现行标准，故本规范不再重复规定。

2 制冷设备

2.1 基本规定

2.1.1 将原规范第 2.2.2 条、第 2.3.2 条、第 2.4.2 条、第 2.5.3 条第 2 款、第 2.7.2 条，即纵、横向安装水平集中在本条作规定，以后各节不再重述。

2.1.2 增加了清洗应符合随机技术文件和附录 A；参照国家现行标准《活塞式单机双级制冷压缩机》JB/T 5446—1999 和《喷油螺杆式单级制冷压缩机》JB/T 6909—93 制定。

2.1.3 整体出厂的制冷设备已充灌制冷剂，说明在制造厂内均已按程序进行各种试验，因此现场不需要再做抽真空和密封性试验及空负荷和空气负荷试运转，检查无泄漏后，可直接进行负荷试运转。

2.1.4 因为解体出厂的制冷机组无论是何种类型，均有不同种类的附属设备，内部和外部管道需要组装。故将原规范第五节附属设备及管道一节中有关附属设备的内容调整至本条中。

2.1.5 本次修订同时充实了焊接、法兰密封垫、管道绝热等有关规定。

2.1.6 本次修订将阀门的安装统一在本条作规定，并充实自力式温度调节阀等内容。热力膨胀阀的安装位置宜靠近蒸发器，以便于调整和检修。

2.1.7、2.1.8 这两条是参照国家现行标准《活塞式单机双级制冷压缩机》JB/T 5446—1999、《喷油螺杆式单级制冷压缩机》JB/T 6906—93、《离心式冷水机组》JB/T 3355—98 和《蒸汽和热水型溴化锂吸收式冷水机组》GB/T 18431—2001 等修订。

2.1.9 本条参照原规范安全阀调试和有关制冷机组制造技术条

件调整试验项目修订。这些均是涉及制冷机组运行安全的必检项目，故用单独一条规定，明确其重要性。

2.1.10 本条规定的目的是防止污染环境，涉及环境保护，故为强制性条文。

2.2 活塞式制冷压缩机和压缩机组

原规范第二节"活塞式制冷压缩机和压缩机组"为 9 条。修订后，将原规范第 2.2.1 条～第 2.2.3 条的内容调整至第一节基本规定中。保留试运转前的技术要求、空负荷、空气负荷和负荷试运转；参照原规范第六节和制冷设备产品制造技术条件及标准，充实了吹扫、抽真空、机组系统严密性试验、充制冷剂；使制冷机组的试运转，从空负荷到负荷试运转各个试验与试运转连贯起来，便于理解条文的意义和实际操作。

2.2.1 参照原规范第 2.2.5 条和国家现行标准《风机、压缩机、泵安装工程施工及验收规范》GB 50275—2010 中活塞式压缩机试运转、《活塞式单机双级制冷压缩机》JB/T 5446—1999 出厂检验及型式试验有关规定制定。

2.2.2 现行行业标准《活塞式单机双级制冷压缩机》JB/T 5446—1999 中将必要的空负荷试运转的技术要求和检查项目作了明确规定，目的是检查设备进行空负荷试运转时，运转状况及各部位情况是否正常，同时使运动部位产生跑合作用，为带负荷试运转打下良好的基础。

2.2.3 参照国家现行标准《活塞式单级制冷压缩机》GB/T 10079—2001 和《活塞式单机双级制冷压缩机》JB/T 5446—1999 的有关规定和原规范第 2.2.7 条修订。

2.2.4 参照现行行业标准《活塞式单机双级制冷压缩机》JB/T 5446—1999 的有关规定修订。

2.2.5 目的为检查制冷机组外压条件下设备的严密性，以防泄漏。

2.2.6 压缩机组的严密性试验，目的是检查机组系统的密封性，防止制冷剂外漏。

2.2.7 目的为防止充灌制冷剂后发生泄漏处理困难，故先充入少量制冷剂待检漏无误，再正式按规定将制冷剂充满。此项检查，有的在充灌制冷剂的过程中进行，有的两者都进行，做到确有把握。

2.3 螺杆式制冷压缩机组

2.3.1 明确其运转前应具备的条件和必要的检查事项，为试运转做好准备。其中由于螺杆式压缩机不允许反转，在检查电动机的转向时，强调脱开联轴器，使压缩机与电动机分开后，单独检查电动机的转向。参照原规范第 2.3.3 条和现行行业标准《喷油螺杆式单级制冷压缩机冷凝机组技术条件》JB/T 5145.2—1991 增加了第 6 款和第 7 款，机组试运转前还应具备的有关安全方面的要求。

2.3.2 螺杆制冷压缩机应经过空负荷、空气负荷和第 2.2.4 条～第 2.2.8 条规定的各种试验和充灌制冷剂之后进行负荷试运转。因为这些技术要求基本相同，不再重述避免原单独列在系统试运转一节的现象。

2.3.3 当油温较低时，制冷剂 R22 会大量地溶解在冷冻机油中，这时启动运转机组会影响润滑效果及降低制冷效率，因此机组启动前，特别是在冬季，应对润滑油进行加热。参照制造厂及安装单位的试车经验，加热温度一般以 45℃～50℃ 为佳，使制冷剂 R22 从润滑油中分离。第 8 款轴封允许的泄漏量是参照现行行业标准《喷油螺杆式单级制冷压缩机》JB/T 6906—93 制定的。

2.4 离心式制冷机组

2.4.1 本条为离心式制冷机组试运转前应具备的条件和必要的检查项目。对润滑系统的冲洗，各个制造厂冲洗的要求及方法都不太相同，常用的有两种：一种是润滑油系统加入冷冻机油后，开动油泵进行循环冲洗，直至冲洗洁净为止，冲洗时间没有要求；另一种是润滑系统加入冷冻机油后，加热油温至34℃～45℃，并开动油泵进行循环冲洗，冲洗时间不少于24h，直至冲洗洁净。冲洗前均应拆除轴承供油管或采用其他方法防止脏物冲入轴承内，冲洗后均应更换新油。冲洗方法和要求大多数是按制造厂的具体规定。

2.4.2 本条为离心式制冷机组空气负荷试运转的规定。第5款中电机为通氟冷却的机组，在进行空气负荷试运转时，由于机组未充氟，电机无冷却源，其运转时间应加以限制，故规范作了相应规定；第6款中导向叶片开度大于40%的试运转时间应尽量缩短的规定，是为了防止机组运转以空气为介质而承受负荷过大，发生过热现象。

2.4.3 机组经空负荷、空气负荷试运转之后，还应按本规范第2.2.4条～第2.2.8条规定进行吹扫、抽真空试验、充灌制冷剂，之后方能进入负荷试运转。其中的检查和试验的技术要求基本相同，仅系统检漏的泄漏率不应大于14g/a，是参照现行行业标准《离心式冷水机组》JB/T 3355—1998的有关规定制定的。

2.4.4 本条为机组负荷试运转的规定，是参照了原规范第2.4.6条和现行行业标准《离心式冷水机组》JB/T 3355—1998的有关规定制定。第6款中快速通过喘振区，是指压缩机启动后，为了防止产生喘振，应将导向叶片迅速开大到15%～30%的开度(以主电机电流不超过额定值为限)，然后再逐步开大导向叶片开度，加大负荷使机组投入正常运转。

2.5 溴化锂吸收式制冷机组

2.5.1 本条是对机组中真空泵的安装要求。是参照原规范第3.7.3条和现行国家标准《风机、压缩机、泵施工及验收规范》GB 50275的有关规定制定的。

2.5.3 系统抽真空试验也是必要的检漏工序。

3 空气分离设备

3.1 基本规定

3.1.1 本条规定强调抗冻基础不论哪个施工单位进行施工，都必须有检验和试验的合格资料，设备安装前应经检查并办理手续移交给安装施工单位。原条款中“采用膨胀珍珠岩混凝土”是指隔冷层所用的主材材质，但没有明确应用部位，本次修订明确了所用的具体部位。其中防水用的隔水板应为焊接或整张紫铜板或不锈钢板。

3.1.4 脱脂方法和脱脂剂在现行国家标准《机械设备安装工程施工及验收通用规范》GB 50231 第五章及附录中有明确规定；零件表面油脂残留量的测定方法与评定在现行行业标准《空气分离设备表面清洁度》JB/T 6896—1993 中明确规定为 125mg/m^2。

本条第 1 款规定了有关空分设备的脱脂要求，有利于安全运行，防止发生燃烧或爆炸事故。涉及人民生命和财产安全，故为强制性条款。

3.1.5 有关受压设备就位前耐压试验的问题，考虑大中型空气分离设备系铝制结构、板翅式换热器小型空气分离设备系钢结构和管式换热器，受压设备为非独立的承压部件，如吸附器等；这些受压设备在制造厂均进行过强度试验，经严格检验合格并随设备带来具有质量合格证的产品。受压设备在质量上有了保证，且完好无损的情况下，多次反复进行耐压试验没有多大好处，故本条规定制造厂已耐压试验并有合格证的可不做耐压试验，但应做严密性试验。有关存放的时间问题，由于防锈方法、保管条件、存放场地等多种原因难以明确规定，故本条不作存放时间的规定，可视其检查结果来决定是否进行耐压试验。试压介质选用时要注意空分设备忌油。

3.1.7 本条规定因安全阀的开启压力各厂略有不同，故强调应按随机技术文件的规定执行。

3.1.9 氧气管道中的切断阀，宜采用明杆式截止阀、球阀及碟阀；严禁使用闸阀，以防止因闸阀关闭状态判断错误发生重大安全事故。涉及人民生命财产安全，故此条为强制性条文。

3.1.10 此条规定的目的是避免发生因管道系统静电火花产生爆炸事故，涉及人民生命财产安全，故此条为强制性条文。

3.1.11 本条规定的吹扫所用介质的要求，目的是防止已脱脂的忌油设备再次受到油污染。

3.2 分馏塔组装

3.2.1 本条适用于整体出厂的分馏塔的安装。

3.2.2 本条适用于解体出厂的分馏塔的安装。

3.2.4 参照原规范第3.2.5条和空气分离设备制造技术条件等有关标准修订。

3.2.6 本条是参照现行国家标准《钢结构工程施工质量验收规范》GB 50205—2001的有关规定修订的。

3.2.7 本条规定的目的是为了防止配管时产生外加应力和焊接应力，防止管内发生气阻和积水。

3.2.8 本条强调坡向和坡度及敷设水平管的要求，有利于管内液体或气体的流动，防止产生气阻或液阻，提高测量的准确性。

3.3 吹　　扫

3.3.1 结合多年施工经验，对吹扫前后的要求作了规定。

3.3.2 本条是吹扫的常规程序要求，目的是为了防止管内脏物吹入分馏塔内。

3.3.4 本条规定了吹扫时空气的压力范围值，但在执行中还应注意符合本规范第3.1.11条的规定，即忌油设备和管路应用清洁、干燥、无油的空气，主要是防止已脱脂的设备和管路被再次污染，达到洁净的要求。

3.3.5 本条规定的吹扫时间是一个考核参数，同时，还应以检查白纸或白布上有无机械杂质为是否合格的标准。

3.4 整体试压

3.4.2 本条适用于大、中型空气分离设备的试压。

3.4.5 条文中进、出口阀门范围内是指单独做气密性试验设备的进、出口阀门。

3.4.6 本条是对整体出厂的空气分离设备的试压要求。因本节第3.4.1条～第3.4.4条均为解体出厂现场组装的分馏塔试验的要求，故作本条规定，防止整体安装的分馏塔的气密性试验产生漏检现象。

3.5 整体裸冷试验

3.5.2 本条规定裸冷试验应按随机技术文件的规定进行，主要考虑到工艺流程不同，调试程序和方法也有所不同，防止盲目进行试验。

3.5.3 本条规定做试验记录，不仅为调整提供依据，也是为工程验收时积累资料。

3.5.4 本条规定在冷态下重新紧固螺栓，是为了防止螺栓低温下松动漏气。

3.5.5 条文虽未规定停压检查，但在实际施工时也可视检查情况是否停压检查，目的是要求严密无漏。

3.6 装填绝热材料

3.6.3 分馏塔内各设备和管路充气、计器管阀门通气、热电阻通电的目的是观察装填绝热材料中，是否损伤塔内的设备、管路、计器系统和电器系统。

3.7 稀有气体提取设备

本节删去原规范第3.7.2条内容，将其列入一般规定之中。删去原规范第3.7.6条内容，现在吸附剂、催化剂供货状态皆为密封桶装，无须现场活化，同时现场用户基本上也无活化设备和条件。

3.7.3 本条规定采用氮气进行气密性试验，也可采用氦气等惰性气体。

3.8 透平式膨胀机

3.8.2 强调应按随机技术文件规定执行，防止盲目拆装，保证膨胀机的原有精度不受影响。

3.8.3 目前国内各制造厂生产的膨胀机，其结构形式各不相同，且品种也有所更新，因此对纵、横向安装水平的要求也不同，故强调应符合随机技术文件的规定。

3.8.5 第3款和第5款为最高转速下的安全操作试验，防止发生人身或设备事故。增加对轴承温度和润滑油温的要求，防止发生因温度过高而烧瓦现象。国内各制造厂生产的膨胀机的参数值有所不同，故在此强调膨胀机的轴承温度和油温应符合随机技术文件的规定。

3.8.6 强调应做好实测的记录，使工程验收有依据。

3.9 活塞式膨胀机

3.9.1 活塞式膨胀机的结构与活塞式压缩机基本相同，故除应符合随机技术文件规定外，还应参照现行国家标准《风机、压缩机、泵安装工程施工及验收规范》GB 50275的有关规定进行检查和清洗。

3.9.7 增加对轴承温度的要求，防止发生因温度过高烧瓦现象。国内各制造厂生产的膨胀机的参数值有所不同，故在此强调膨胀机的轴承温度应符合随机技术文件的规定。

3.10 离心式低温液体泵

3.10.1 离心式低温液体泵结构较简单，但低温状态下的运行有其特殊性，故泵的装配试运转等强调应按随机技术文件的规定执行，但常温试运转应参照现行国家标准《风机、压缩机、泵安装工程施工及验收规范》GB 50275 的相关规定执行。

3.10.2 本条是结合调试经验修订的，规定倾斜方向是为了便于排出泵内和管路内液体中的气体，防止产生汽蚀现象。参照现行行业标准《空气分离设备用离心式低温液体泵》JB/T 9073—1999 增加对设备进、出口宜设置补偿装置，目的是为了补偿系统冷却后收缩量，消除管路应力，避免设备在运行中受力。

3.10.3 离心式低温液体泵严禁在无液体状态下空运转，否则将损坏机器。

3.10.5 为保证低温泵的正常运行，新增加对泵的轴承温度要求，根据现行行业标准《空气分离设备用离心式低温液体泵》JB/T 9073—1999 的有关条款修订。

3.12 回热式制冷机

3.12.1 回热式制冷机为整体出厂，机内充有氩气，故不宜随便拆洗。

3.12.2 回热式制冷机出厂时已充入 0.05MPa 以上的干燥惰性气体，在安装时应检查或补充惰性气体。

3.12.3 为防止水道积垢或生锈，故规定水质的要求。

3.12.5 试运转的步骤和方法及技术要求均按随机技术文件规定执行。

3.13 其他设备

3.13.5 强调对低温液体贮槽安装的安全要求，尤其是液氧贮槽的安全要求。第7款规定液氧容器安置在室外时,必须设有导除静电的接地电阻装置及防雷击装置,目的是避免发生雷击事故。涉及人民生命财产安全,故列为强制性条款。

3.14 试 运 转

3.14.2 本条是参照现行行业标准《大中型空气分离设备性能试验方法》JB/T 16912 的有关规定并结合实践经验修订的。由于机组大小、设备制造和工程设计各不相同,成套负荷试运转达到设计和设备性能要求,生产出合格产品的全过程,有的简单、时间短,有的复杂、时间长。本规范主要是考核安装工程的质量,故成套空分设备负荷试运转应由建设单位负责组织,安装单位配合进行试运转;而安装单位不可能配合到试生产、设备性能、产品质量和数量均符合要求为止,所以安装单位配合建设单位进行成套空分设备试运转,直到设备工况稳定,然后开始测量各项运行参数,测量参数的时间持续到72h为止。负荷试运转中如发现确实属于安装原因造成的问题,应由安装单位负责处理。至此,工程可以办理工程验收手续。工程验收后,如发现确实属于安装原因造成的问题,安装单位仍应负责处理。

4 工程验收

4.0.1 为了确实保证和不断提高制冷设备、空气分离设备的安装质量,明确规定设备经系统负荷试运转合格后,方可办理工程验收手续,为设备安全运行提供了保障。

4.0.2 强调未办理工程验收手续,设备不得投入使用,防止发生意外事故。

4.0.3 列明工程验收应具备的资料内容,作为设备安装工程施工质量和验收的依据。